**Impressum:**

Copyright © 2017 GRIN Verlag
Druck und Bindung: Books on Demand GmbH, Norderstedt Germany
ISBN: 9783668836457

Mira Pölzer

# Der Klimawandel in der Arktis und die Erschließung von Rohstoffen

GRIN Verlag

**Max-Planck-Gymnasium München**

Oberstufe Jahrgang 2017/2019

# Seminararbeit

aus dem W-Seminar
**Wüste – Geografie**

Thema: Klimawandel in der Arktis - Im Bezug auf die Erschließung der Rohstoffe
Verfasserin: Mira Pölzer

# Inhaltsverzeichnis

# *1 Die Arktis im Wandel der Zeit-Vom Niemandsland zum Pulverfass*

Die Arktis ist für die meisten Menschen nur ein fernes und vermeintlich wirtschaftlich uninteressantes Gebiet, doch wie die restliche Welt befindet sich auch die Arktis in einem enormen Wandlungsprozess: Zwar strahlte das ewige Eis der Polkappen unserer Erde schon immer eine enorme Anziehungskraft auf die meisten Abenteurer und Entdecker aus aber auch wirtschaftliches Interesse in Form von Walfang und Pelzhandel gehören - vor allem in Grönland - zur Geschichte der Region[1]. Doch die Aufmerksamkeit und Faszination der Forscher heute erregt das Nordpolargebiet auf eine ganz andere und viel bedeutendere Weise. Die ersten Expeditionen, welche ungefähr Ende des 19. Jahrhunderts starteten, waren noch von Erfolg und Ruhm getrieben, so dass ein regelrechter Wettlauf zum nördlichsten Punkt der Erde entstand - viele mussten allerdings dies mit ihrem Leben bezahlen. Der Sieger blieb allerdings bis heute ungeklärt, denn nachdem 1909 der US-Amerikaner Robert Peary behauptete, als erster Mensch den Nordpol erreicht zu haben verkündete, ein weiterer US-Amerikaner, Frederick Albert Cook, sogar schon ein Jahr früher das Unmögliche geschafft zu haben. Doch ob er diese Herausforderung tatsächlich meisterte ist aufgrund fehlender Dokumente ungewiss[2]. Seit das Polareis allerdings seine Ewigkeit zu verlieren scheint, starten Forschungsreisen, wie zum Beispiel die russische Expedition „Artika 2007"[3], nur noch mit dem untergeordneten Ziel sich dadurch mit Erfolg rühmen zu können. Stattdessen wollen Forscher nun die verborgenen Schätze des Gebiets finden: Neben Silber, Zink, Diamanten, Gold und weiteren kostbaren Bodenschätzen dieser Art werden von den meisten Wissenschaftlern knapp ein Fünftel der weltweit vorhandenen Öl- und Gasvorkommen unter dem Eis vermutet[4]. Doch diese vielen Ressourcen in mitten des hoch fragilen Ökosystems der Arktis bringen nicht nur heikle politische und umwelttechnische Themen auf, sondern bedürfen auch einer höchst komplexen Logistik.

Laut einigen Experten, wie zum Beispiel dem britischen Militärexperten der Zeitschrift „Jane´s Intelligence Review", wäre sogar eine erneute Militarisierung des Nordpolar-

---

[1] Vgl. Frühlauf, Markus (2013): Welt 2, S.153
[2] Vgl. Seidler, Christoph (2009): Arktisches Monopoly, S.18+19
[3] Vgl. Seidler, Christoph (2009): Arktisches Monopoly, S. 34
[4] Vgl. Richter, Wolfgang (2018): Wirtschaftsregion Arktis – Chance oder Risiko?

gebiets möglich, so dass dieser Konflikt zu einer Neuauflage des Kalten Kriegs führen könnte.[5]

## *2 Die Abgrenzung der Arktis*

Auf die Frage welche Gebiete zur Arktis gezählt werden, gibt es noch immer keine allgemein gültige Definition. Während früher eine Eingrenzung der Arktis als Gebiet nördlich des arktischen Polarkreises gängig war, wird heute das Gebiet nach einem vegetationsgeographischen oder klimatischen Ansatz eingegrenzt.

Der vegetationsgeografische Ansatz bezieht sich auf die nördliche Baumgrenze, sodass zur Arktis diejenigen Landgebiete gehören, in denen nur noch Tundra existiert. Im Vergleich dazu wurde beim klimatischen Ansatz die 10°-Juli-Isotherme als Grenze festgelegt. Diese stellt eine imaginäre Linie nördliche derer Gebiete dar, in denen selbst im wärmsten Monat des Jahres im jährlichen Durchschnitt die monatliche Mitteltemperatur unter 10°C liegt. Allerdings stimmen diese beiden Definitionen Flächen technisch relativ gut überein, sodass demnach das arktische Gebiet etwa 20 Millionen Quadratkilometer misst.[6] In der unten eingefügte Karte (Abb. 1) wurde die Arktis mit Hilfe der Zehn-Grad-Isotherme (rote Linie) begrenzt, aber auch der nördliche Polarkreis und die einzelnen Vegetationszonen sind gekennzeichnet, so dass die unterschiedliche Gebietseinteilung gut veranschaulicht wird. Auch kann man erkennen, dass dadurch große Teile der Anrainerstaaten, Russland, USA, Kanada, Norwegen, Island und Grönland (Dänemark) zum arktischen Gebiet gehören. Dies rechtfertigt, gemäß des Seerechtsübereinkommen der Vereinten Nationen, ihre jeweiligen Ansprüche auf die küstennahen Gebiete des Nordpolarmeers. Die Arktis ist also ein von den Küsten der Anrainerstaaten umgebenes, größtenteils maritimes Gebiet, welches sich über rund zwanzig Millionen Quadratkilometer erstreckt.

---

[5]Vgl. Seidler, Christoph (2009): Arktisches Monopoly, S.266
[6]Goudie, Andrew (2008): Physische Geographie: Eine Einführung, S.144 ff.

Der Teil aber, der von den meisten Menschen als „Arktis" angesehen wird, erfasst nur das Meeresbecken zwischen den einzelnen Anrainern. Diese nahezu vegetationslose Zone ist im Winter, während der Polarnacht, in der die Sonne auch tagsüber unter dem Horizont verborgen bleibt, von einer dicken Eisschicht bedeckt, die im Sommer früher nur teilweise aber mittlerweile immer weiter aufbricht.[7]

Abb. 1: Gehring, Wiebke u.a. (2008): Diercke- Weltatlas, S.238

---

[7]Vgl. Bartsch, Golo M. (2015): Zukunftsraum Arktis, S.1

## 3 Klimawandel: Rückgang des Eises und die dadurch entstehenden wirtschaftlichen Möglichkeiten

Das arktische Klima ist vor allem durch die starken Schwankungen der Sonneneinstrahlung, die das Phänomen der Polarnacht und des Polartages mit sich bringen,
geprägt. Durch die Strahlungsbedingungen, welche in der Polarnacht herrschen, entstehen die charakteristischen langen und extrem kalten Winter, in denen die Temperaturen meist bei ungefähr -30°C liegen. Doch auch in den Sommern, die meist nur
einen bis dreieinhalb Monate andauern, kommt es lediglich zu
Durchschnittstemperaturen von maximal 15°C plus. In beiden Jahreszeiten werden
allerdings nur geringe Niederschläge gemessen, sodass sich in der Arktis meist nur
eine Schneedecke von 10 bis 50 cm bildet.[8]

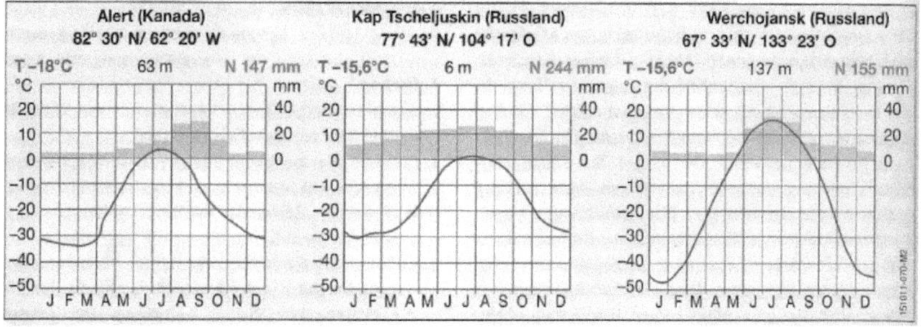


Abb. 2: Bauske Thomas u.a. (2009): Geographie Oberstufe 11, S.70

In den letzten Jahrzehnten kam es jedoch zu einem enormen Temperaturanstieg: Die
Durchschnittstemperatur in der Arktis ist in den letzten 50 Jahren um fast 4°C gestie-
gen![9]Dieser extreme Anstieg diente den Forschern als eine Art Frühwarnsystem für
den Klimawandel, denn aufgrund von einigen Faktoren steigen die Luft- und Wasser-
temperaturen in der Arktis deutlich schneller als im globalen Durchschnitt. Unter anderem werden durch das schwindende Eis immer noch mehr dunkle Oberflächen
freigelegt, welche die Sonneneinstrahlung nicht mehr reflektieren können, sondern

---

[8]Vgl. Bauske Thomas u.a. (2009): Geographie Oberstufe 11, S.71
[9]Vgl. Bartsch, Golo M. (2015): Zukunftsraum Arktis, S.5

diese absorbieren, was dann wiederum durch eine erhöhte Temperatur und dem damit verbundenen Rückgang des Eises zu einer positiven Rückkopplung führt.

Ein weiterer negativer Effekt der freigewordenen Meeresflächen, ist der erleichterte Wärmeaustausch zwischen Ozean und Atmosphäre, da aufgrund der fehlenden Isolationswirkung des Eises  leichter Wärmeenergie übertragen werden kann. Zudem besteht in der Arktis - genau wie in der Antarktis – die Problematik das durch eine vergleichsweise dünne, sich dadurch schneller erhitzende, Atmosphäre zusätzlich eine fortlaufende Erwärmung antrieben wird[10].Unter weiterem Antrieb dieser Naturphänomene führte der allgemeine Klimawandel dazu, dass sich alleine schon zwischen 1993 und 2013 ein Rückgang der Eisdecke um rund 20% beobachten lies[11]. Durch diese rasante Dezimierung stehen sich die verheerenden Folgen für das fragile Ökosystem, die Infrastruktur und Industrie der Arktis und damit auch die Lebensgrundlage der dort lebenden Völker und der eventuell mögliche riesengroße Profit durch die Erschließung von zahlreichen Rohstoffen, auf die sich diese Arbeit konzentrieren wird, und neuen Handelswegen gegenüber. So kommt es, dass, während die Umweltschützer versuchen den Untergang dieser Eislandschaft zu verhindern, sich die Großmächte für den zweiten „Wettlauf" zum Nordpol aufrüsten.

## *4 Ressourcen werden zu Reserven*

Anders als in der Antarktis wurde in der Arktis schon auf die Erschließung von Rohstoffen gesetzt. Vor allem in Russland, Kanada und Grönland, der größten Eiswüste des Nordpolargebiets, wurde schon vor einigen Jahren begonnen kostbare Stoffe zu fördern. Aufgrund der Lage, der schwierigen Abbaumodalitäten und den daraus resultierenden hohen Kosten, handelte es sich hierbei noch um vergleichsweise geringe Mengen, seltener Mineralien wie Phosphat, Nickel, Eisenerz, Aluminium, Kupfer und Uran aber auch schon einen nicht unbedeutenden Teil an Erdöl und -gas.[12] [13] Zusätzlich könnten nun aber Ressourcen, also Vorkommen, die bislang keinen Profit

---

[10]Broich, Ulrike; Faller, Cornelia und Zetsche, Sabine (2005): Klimawandel
  in der Arktis (ein Resümee des ACIA-Berichts), S.7
[11]Vgl. Frühlauf, Markus (2013): Welt 2, S.137
[12]Vgl. Frühlauf, Markus (2013): Welt 2, S.153
[13]Vgl. Bartsch, Golo M. (2015): Zukunftsraum Arktis, S.13 und 14

durch Förderung möglich machten, zu rentabel abbaubaren Rohstoff Vorkommen werden und somit als sogenannte Reserven fungieren.[14]

Dies ist in erster Linie auf den Klimawandel und die damit schwindende Packeisfläche zurück zu führen. Schon bald könnte also die Erwärmung die Förderung arktischer Rohstoffe, allen voran Erdöl und -gas, immens erleichtern, sodass man teilweise auch schon heute von ihnen profitieren kann.

Rund „16 Prozent der weltweiten Erdöl-"[15]und „ca. 30 Prozent der weltweiten Erdgasreserven"[16]sollen sich laut des amerikanischen „Geological Survey" unter dem Eis befinden: ein „9-Billionen-Doller-Schatz"[17]. Doch grundsätzlich ist zu beachten, dass hierbei nicht nur die Ökonomie, sondern auch die Ökologie eine wichtige Rolle spielen sollte, denn in dem sensiblen Ökosystem der Arktis hätte eine Ölkatastrophe, wie die im Golf von Mexiko 2010, weitaus verheerendere Folgen. Sichtbar wurde dies 1989 als ein Öltanker vor Alaska auf Grund lief und so 2000 Kilometer Küste verseuchte[18]. Diese Katastrophe brachte den Tod von 250.000 Seevögeln und tausenden anderen Tierarten, unter anderem Wale und Seeotter, mit sich. Hinzu kommt, dass auch die Fischbestände sich selbst 25 Jahre später noch nicht vollständig erholt haben. Entgegen aller Warnungen der Umweltschützer, haben die Anrainer allerdings trotzdem begonnen, nachdem sie die Region jahrzehntelang den indigenen Völkern überlassen haben, ihre Ansprüche auf die kostbaren Gebiete nicht nur gültig zu machen, sondern auch zu erweitern.

---

[14]Vgl. Bauske Thomas u.a. (2009): Geographie Oberstufe 11, S.100
[15]Umwelt Bundesamt (Hrsg.) (2016): Geologie und Ressourcen der Arktis (wörtliches Zitat)
[16]Umwelt Bundesamt (Hrsg.) (2016): Geologie und Ressourcen der Arktis (wörtliches Zitat)
[17]Balzer, Sebastian; Hosp, Gerald und Theurer, Marcus (2011): Der 9-Billionen-Dollar-Schatz unter dem Eis (wörtliches Zitat)
[18]Vgl. Frühlauf, Markus (2013): Welt 2, S.149

## 4.1 Gebietsansprüche

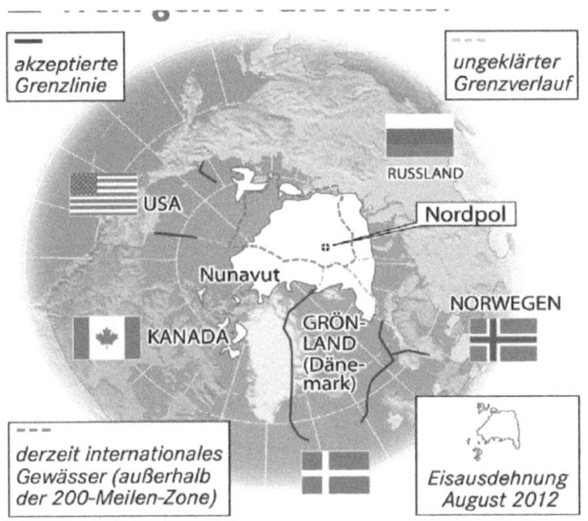


Abb. 3: Ludwig, Michael (2010): Nato-gefährdetes Ökosystem

„Der Nordpol gehörte [...] allen und keinem zu gleich"[19], so beschreibt Christoph Seidler in seinem Buch „Arktisches Monopoly" die bis dato geltenden Gebietsansprüche in der Arktis prägnant. Aber wie genau kommt er auf diese Aussage? Dies ist leicht beantwortet: Es ist durch die geografische Lage bedingt, denn dadurch, dass der größte Teil der Arktis ein zugefrorener Ozean ist, sind die Gebietsansprüche zwar, wie in Abb. 3 oben dargestellt, hinsichtlich des Gewässers in Küstennähe weitestgehend geklärt, der Rest ist jedoch noch bis heute internationales Territorium. So kommt es, dass jeder der fünf Staaten, die an das Nordpolarmeer grenzen, begonnen haben zu versuchen sich ihre jeweiligen Ansprüche zu sichern und diese sogar durch spezielle Anträge zu erweitern. Die Anrainerstaaten stehen also schon in den Startlöchern für einen zweiten Wettlauf zum Nordpol. Dies wurde besonders deutlich, als Russland 2007 eine Landesflagge am Meeresboden des geografischen Nordpols setzte. Das hatte zwar völkerrechtlich kaum Bedeutung, doch eine große Medienwirksamkeit lässt sich nicht abstreiten, sodass die Absetzung

---

[19]Seidler, Christoph (2009): Arktisches Monopoly, S.8 (wörtliches Zitat)

der Flagge ein deutliches „Signal nationalstaatlichen Anspruchsdenkens"[20] darstellte. Spätestens ab diesem Zeitpunkt wurde über den Rohstoffkonflikt in der Nordpolarregion in fast jedem Beitrag der Medienwelt heftig diskutiert und spekuliert. Große Aufmerksamkeit lag dabei auf den einzelnen Gremien der arktischen Politik.

### *4.1.1 Seerechtsübereinkommen*

Das Seerechtsübereinkommen (SRÜ) der Vereinten Nationen (eng. United Nations Convention on the Law of the Sea) ist ein völkerrechtliches Abkommen, welches für die Regelung aller „territorial[er] Anspruchs- und Regelungsbefugnisse sowie die Nutzungsrechte der Staaten" verantwortlich ist und gilt somit als eine „Verfassung der Meere".[21] Das SRÜ wurde am 10. November 1982 beschlossen, ist aber noch kurz vor dem Inkrafttreten, am 16. November 1994, durch Konventionen bezüglich des Meeresbergbaus am 28. Juli des selben Jahres ergänzt worden. Mit Ausnahme der USA sind seither alle großen Industriestaaten und die Artic Five[22] (gemeint sind damit die fünf Anrainerstaaten) dem Abkommen beigetreten. Trotzdem sehen die Vereinigten Staaten das SRÜ als allgemeingültig und bindend an, sodass damit ein verbindlicher Rechtsrahmen für die Region der Arktis geschaffen werden konnte, welcher für die Unterteilung der Meereszonen, die Schifffahrt und Fischerei, die Meeresforschung, den Schutz der Umwelt, den Meeresbodenbergbaus und die Konfliktbeilegung zuständig ist.[23]Aufgrund diverser Ausnahmen und Auslegungsfreiheiten ist es allerdings schwierig eine genaue und übergreifende Reglung auszumachen. Grundsätzlich ist im SRÜ aber eine Einteilung in die, in der Grafik (Abb. 4) dargestellten Gebiete, vorgesehen – die Hoheitsgewässer, die Anschlusszone und die ausschließliche Wirtschaftszone (AWZ). Diese Zoneneinteilung bildet den Hauptkomplex bei der Festlegung der Nutzungsrechte. Bei der Abmessung der eben genannten Bereiche stellt die sogenannte Basislinie den „Nullpunkt" dar, von ihr aus werden die Zonen abgesteckt. An Hand dessen können die jeweiligen Küstenstaaten dem zu folge in

---

[20]Bartsch, Golo M. (2015): Zukunftsraum Arktis, S.10 (wörtliches Zitat)
[21]Humrich, Christoph (2011): Ressourcenkonflikt, Recht, Regieren in der Arktis (wörtliches Zitat)
[22]Seidler, Christoph (2009): Arktisches Monopoly, S.22
[23]Vgl. Umwelt Bundesamt (Hrsg.) (2014): Das Seerechtsübereinkommen der Vereinigten Nationen

ihrer Nutzung reglementiert werden, indem bestimmte Aspekte zugelassen oder verboten werden.[24]

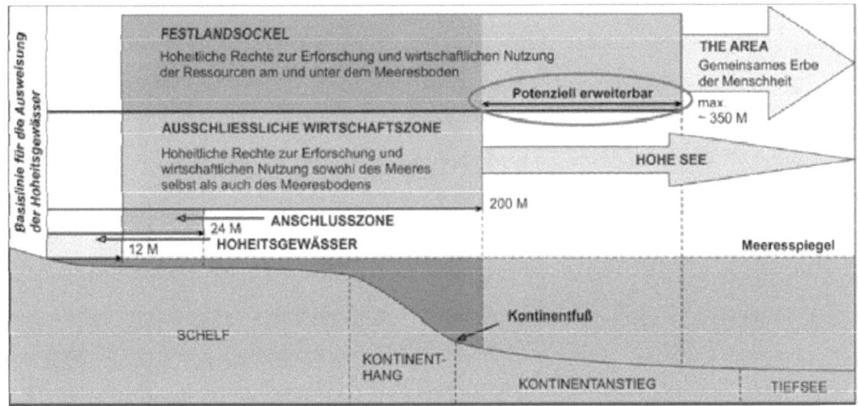


Abb. 4: Umweltbundesamt: Das Seerechtsübereinkommen der Vereinten Nationen

*Hoheitsgewässer:* Wie bereits erwähnt, werden den Staaten in den einzelnen Zonen unterschiedliche Rechte zugewiesen. So haben sie in den ersten zwölf Meilen, den Hoheitsgewässern, die Möglichkeit ihr eigenes Staatsrecht durchzusetzen und auf jeweilige Hoheitsansprüche zu bestehen. Zudem wird allen anderen Staaten nur eine friedliche Durchfahrt gewährt, welche aber nicht behindert werden darf.[25]

*Anschlusszone:* Diese Zone beginnt, wie oben eingezeichnet, nach den zwölf Meilen der Hoheitsgewässer und endet ebenfalls zwölf Meilen später, 24 Meilen von der Basislinie entfernt. Hier darf der zugehörige Küstenstaat laut Art. 33 des SRÜ „Verstöße[n] gegen seine Zoll- und sonstige Finanzgesetze, Einreise- oder Gesundheitsgesetze" ebenso wie „Verstöße[n] gegen diese Gesetzte und sonstigen Vorschriften, die in seinem Hoheitsgebiet oder in seinem Küstenmeer begangen worden sind", nachgehen.[26]

---


[24]Vgl. Humrich, Christoph (2011): Ressourcenkonflikt, Recht, Regieren in der Arktis

[25]Vgl. Humrich, Christoph(2011): Ressourcenkonflikt, Recht, Regieren in der Arktis

[26]Walters Kluwer, Jurion: Art. 33 SRÜ Seerechtsübereinkommen der Vereinten Nationen (wörtliches Zitat und Vgl.)

*Ausschließliche Wirtschaftszone:* Von der Basislinie aus gemessen erstreckt sich die ausschließliche Wirtschaftszone über 200 Meilen in das offene Meer hinein. In diesem Gebiet ist der Anrainer berechtigt, Forschungen bezüglich der „Ausbeutung, Erhaltung und Bewirtschaftung der lebenden und nichtlebenden natürlichen Ressourcen der Gewässer über dem Meeresboden, des Meeresbodens und seines Untergrunds" zu betreiben und diese für den wirtschaftlichen Profit zu nutzen. Genauso sind sie auch berechtigt jedwede andere Möglichkeit der wirtschaftlichen Erschließung der Zone zu nutzen. Jedoch hat der Küstenstaat dabei auch die Pflicht in Rücksicht auf die Meeresumwelt zu handeln um diese nicht zu gefährden. Andere Staaten haben in der ausschließlichen Wirtschaftszone zusätzlich zu den Privilegien, die sie schon in den zwei ersten Zonen genossen haben, die Möglichkeit der „Verlegung unterseeischer Kabel und Rohrleitungen sowie andere völkerrechtlich zulässige, mit diesen Freiheiten zusammenhängende Nutzungen des Meeres" sowie des Schiff- und Luftverkehrs zur wirtschaftlichen Nutzung. Dabei müssen sie sich allerdings an die vom Küstenstaat auferlegten Regel halten – klar, dass dadurch ein erhöhtes Konfliktpotenzial aufkommt. Eigentlich würde abseits dieser Zone nun das internationale Territorium beginnen, doch durch den Festlandsockel betreffende Sonderreglungen kann der Anrainer seine Nutzungsrechte auf ein Gebiet, das bis zu 350 Meilen in den Ozean reichen kann, erweitern.[27]

Abseits dieser drei Zonen beginnt die hohe See, welche als internationales Territorium gilt. Dies bedeutet, dass die Nutzungsrechte keinem Staat eindeutig zugewiesen werden können. Das bietet privaten Energiekonzernen die Möglichkeit auch von dem gigantischen Rohstoffschatz der Arktis zu profitieren.

---

[27] Walters Kluwer, Jurion: Art. 56 SRÜ – Rechte, Hoheitsbefugnisse und Pflichten des Küstenstaats in der ausschließlichen Wirtschaftszone (wörtliches Zitat und Vgl.)

## 4.1.2 Arktischer Rat

Der aus der „Artic Environmental Protection Strategy (AEPS)"[28] hervorgegangene Arktische Rat hört sich in der Theorie zunächst wie die perfekte Lösung der arktischen Politik an um die Probleme der Arktis diplomatisch aus der Welt schaffen zu können: Ihm gehören neben den fünf Anrainerstaaten Schweden, Island, Finnland, einigen Nichtregierungsorganisationen, eine Vielzahl an Beobachtern, zu denen unter anderem auch Deutschland gehört, und die indigenen Völker mit sechs Verbänden an. Zudem bietet er den Inuit die wichtige Möglichkeit ihre Interessen mit in den politischen Prozess einzubringen.[29]. Doch leider ist dieses 1996[30] gegründete internationale Forum in der Realität weitgehend machtlos, denn sein Aufgabenbereich liegt lediglich in der „Generierung von Wissen, Aussprache praktischer Empfehlungen, Repräsentation und Bündelung arktischer Belange [...] sowie Unterstützung der arktischen Staaten bei der Implementierung empfohlener Maßnahmen".[31] Im Grunde nimmt er daher eine ausschließlich tragende Rolle ein und agiert aufgrund der fehlenden Durchsetzungskraft in den meisten Fällen lediglich als Zuschauer.

Diese Stellung lässt sich einerseits durch die Entstehung erklären, denn dadurch, dass der Arktische Rat aus dem AEPS entstanden ist, liegt das Hauptaugenmerk nach wie vor auf ökologischen Aspekten. Zum anderen haben die Anrainerstaaten, vor allem die USA, darauf bestanden dem Rat keine weitreichenderen Funktionen, wie zum Beispiel die Behandlung von Sicherheitsfragen, zu übertragen. So hat er nicht, wie man zunächst meinen würde, die Möglichkeit völkerrechtliche Beschlüsse zu treffen. Dass die Mitsprache des Arktisches Rats besonders in Gebietsstreitigkeiten nicht erwünscht ist, wurde im Mai 2008 mehr als deutlich, als in Grönland ein Gipfeltreffen bezüglich der Gebietsverteilung des Nordpols stattfand, zu dem nur die fünf Anrainerstaaten eingeladen wurden.[32]

---

[28]Vgl. Seidler, Christoph (2009): Arktisches Monopoly, S.239
[29]Vgl. Seidler, Christoph (2009): Arktisches Monopoly, S.239
[30]Vgl. Umwelt Bundesamt (Hrsg.) (2017): Der Arktische Rat
[31]Humrich, Christoph (2011): Ressourcenkonflikt, Recht, Regieren in der Arktis (wörtliches Zitat)
[32]Vgl. Seidler, Christoph (2009): Arktisches Monopoly, S.240

Und das obwohl der Arktische Rat durch einige hervorgegangene Gutachten, wie beispielsweise das Artic Marine Shipping Assessment (AMSA)[33], schon viele internationale Auseinandersetzungen vorangetrieben hat. Kein Wunder, dass dieses Treffen die restlichen Teilnehmer des Rates verärgerte und es dem zu Folge zu einer weiteren Schwächung des Gremiums kam, obwohl man genau das Gegenteil - „einen Arktischen Rat ‚mit Zähnen'" [34]- in dieser konfliktgeladenen Situation bräuchte.

### 4.1.3 Multilaterale Konventionen

Die Übersetzung aus dem Lateinischen besagt, dass eine Konvention eine Übereinkunft darstellt. In Kombination mit dem Adjektiv „multilateral" (lat.: multi = viele; latus = Seite) stellt es also ein Abkommen zwischen drei oder mehreren Volksgemeinschaften dar[35]. Multilaterale Konventionen ermöglichen daher eine präzise Konfliktlösung zwischen allen oder auch nur ausgewählten Teilnehmern. Im Moment gelten in der Arktis noch viele einzelne dieser Konventionen, doch diese Art des Regierens wird häufig auf Grund dessen, dass jeder Prozess von neuem aufgerollt werden muss und daher oft Verzögerungen entstehen können, kritisiert. Folgeerscheinung wie Überschneidungen und Redundanzen könnten entstehen und damit die politische Regulierung behindern.

Weswegen die Forderung nach einer, mit dem Antarktisvertrag vergleichbaren Konvention, immer lauter wurde. Doch dies ist leider schwer umsetzbar, denn in der Arktis gelten andere Grundvoraussetzungen als 1959 in der Antarktis während der Verhandlungen des Antarktisvertrags: Einerseits handelt es sich bei der Arktis nicht ausschließlich um internationales Territorium und andererseits sind im Nordpolargebiet schon verpflichtende rechtliche Reglungen geltend gemacht worden. Zudem kommt noch, dass bis jetzt noch keiner der Anrainer Interesse an einer solchen Konvention gezeigt hat.[36]

---

[33]Vgl. Seidler, Christoph (2009): Arktisches Monopoly, S.241
[34]Seidler, Christoph (2009): Arktisches Monopoly, S.240 (wörtliches Zitat)
[35]Pons Online Wörterbuch: Latein-Deutsch Übersetzer
[36]Humrich, Christoph (2011): Ressourcenkonflikt, Recht, Regieren in der Arktis (wörtliches Zitat)

## *4.2 Mögliche Militarisierung in der Arktis*

Die in 4.1 geschilderten Regelungen der arktischen Politik klären zwar schon einen Großteil der Nutzungsrechte der Arktis, doch trotzdem besteht noch immer ein hohes Konfliktpotenzial bezüglich des restlichen Gebiets, weshalb die Anrainer, aber auch andere Staaten wie zum Beispiel China, versuchen sich in bestmögliche Positionen zu bringen.

### *4.2.1 Beteiligte Staaten*

<u>USA</u>: „Wenn es ein Fünf-Nationen-Rennen um den Nordpol gibt, dann sind wir gerade Fünfter", meinte der Admiral der US-Küstenwache im August 2008.[37] Doch diese Außenseiterrolle könnte sich der weltweit größte Verbraucher fossiler Energieträger eigentlich gar nicht leisten, denn schon heute ist die USA dies bezüglich zu 65% auf Importe angewiesen.[38] Grundsätzlich ist diese Lage hauptsächlich darauf zurück zu führen, dass die USA aufgrund der Befürchtung sie könnten an Souveränität einbüßen sich weigerte das SRÜ zu unterzeichnen.[39] Dadurch können keine Gebietsansprüche und damit auch keine Ansprüche auf die Nutzung der Rohstoffe erhoben werden.

Zudem bringt sich die USA durch eine mehr als dürftige Marine, welche über gerade einmal einen einsatzfähigen Eisbrecher und zwei sich im Wartezustand befindenden, verfügt, in eine extrem schlechte Stellung. Um dies auszugleichen und somit auf Augenhöhe mit den anderen vier Anrainern agieren zu können müsste, die USA etwa eineinhalb Milliarden Dollar investieren. Doch trotz offensichtlichem Mangel, flossen 2009 gerade mal 30 Millionen Dollar in die Aufstockung der Marine.[40] Zu erwähnen ist allerdings noch, dass eine zeitnahe Aufrüstung selbst mit genügend Kapital schwer umsetzbar wäre, denn zum Einen ist bei einem Neubau dieser Schiffe mit acht bis zehn Jahren Bauzeit zu rechnen und zum Anderen besitzen die USA auch nicht die Möglichkeit in ihrem Land ein solches Schiff zu bauen.[41]

Trotzdem sind die USA im Fünf-Nationen-Rennen nicht außer Acht zu lassen, denn dadurch, dass sich der Kontinentalabhang 100 Seemeilen vor der Küste Alaskas be-

---

[37] Seidler, Christoph (2009): Arktisches Monopoly, S.166 (wörtliches Zitat)
[38] Seidler, Christoph (2009): Arktisches Monopoly, S.167
[39] Vgl. Seidler, Christoph (2009): Arktisches Monopoly, S.172
[40] Vgl. Seidler, Christoph (2009): Arktisches Monopoly, S.171
[41] Vgl. Seidler, Christoph (2009): Arktisches Monopoly, S.171

findet, könnten sie, sobald sie dem SRÜ beitreten, auf weit größere Gebiete Anspruch erheben.[42]

Kanada: Da 40% des Staatsgebiets[43] nördlich des 66°33 Breitengrades verortet wird, ist die Zugehörigkeit Kanadas zur Arktis naturgemäß stark verankert. So kommt es, dass das arktische Gebiet sogar in der Nationalhymne erwähnt wird: „Dies ist der wahre Norden, frei und stark".[44] Kein Wunder also, dass Kanada im Gegensatz zu den USA nicht nur begonnen hat, durch einige Maßnahmen ihre Marine und die Präsenz des arktischen Kanadas zu verbessern, sondern auch kontinuierlich in die Erschließung des Gebiets investiert. Diese neuen geplanten Maßnahmen stellte der ehemalige kanadische Premierminister, Stephen Harper, in seiner Rede 2007 da: er kündigt sechs bis acht neue Patrouillenbote, einen neuen Eisbrecher im Wert von ungefähr 720 Millionen kanadischen Dollar, Militärcamps im Norden Kanadas, einen neuen arktischen Tiefwasserhafen an der Nordpolarspitze der Baffin Island und den Einsatz von Inuit als Ranger im schwach besiedelten kanadischen Teil der Arktis an. Zudem wurden nur ein Jahr später 40 Millionen kanadische Dollar zu Messungszwecken von der Regierung bewilligt. [45]

Grönland/Dänemark: Seit dem 25. November 2008[46] ist bekannt, dass Grönland nun als ein autonomer Bestandteil des Königreichs Dänemark gilt. Dieses Referendum für weitgehende Unabhängigkeit wurde damals mit 75,57 Prozent  befürwortet, wobei vor allem die ältere Bevölkerung für mehr Selbstständigkeit stimmte.[47] Für den grönländischen Regierungschef bedeutete diese Entwicklung den richtigen Schritt, denn er ist der Meinung, die Grönländer müssten das grundlegende Eigentumsrecht an den Ressourcen des Landes beschützen und ihr Recht, das Land wieder selbst zu steuern, sichern.[48]

Zur vollständigen Autonomie wird es allerdings in den nächsten Jahren nicht kommen, da Grönland bisher noch vor vielen ungelösten Problemen steht. Vor allem die Geldpolitik des Inselstaates schrieb bedenkliche Zahlen. Im Jahr 2009 kam es zu ei-

---

[42]Vgl. Seidler, Christoph (2009): Arktisches Monopoly, S.175
[43]Vgl. Seidler, Christoph (2009): Arktisches Monopoly, S.177
[44]Seidler, Christoph (2009): Arktisches Monopoly, S.177 (wörtliches Zitat)
[45]Vgl. Seidler, Christoph (2009): Arktisches Monopoly, S.180
[46]Vgl. Seidler, Christoph (2009): Arktisches Monopoly, S.188
[47]Vgl. Seidler, Christoph (2009): Arktisches Monopoly, S.189
[48]Seidler, Christoph (2009): Arktisches Monopoly, S.190 (indirektes Zitat)

nem Haushaltsdefizit von 40 Millionen Euro [49], aber auch innerhalb der Bevölkerung gibt es große Probleme wie Suizide, hohe Armut und immensen Alkoholkonsum.[50] Demzufolge hätte Grönland einen Rohstoffboom dringend nötig. So kommt es, dass Grönland versucht, mit der Unterstützung Dänemarks, durch Forschungsprojekte, wie die „Lorita"(Frühjahr 2006) oder „Lomrog"(Sommer 2007) nachzuweisen, dass der umstrittene Lomonossow-Rücken, den die Frankfurter Allgemeine als „Schlüssel zu der reich gefüllten Schatzkammer der arktischen Rohstoffe"[51] bezeichnet, geologisch mit ihrem Kontinent verbunden ist.[52] Auf Basis dieser Forschung beantragte Dänemark, in Vertretung Grönlands, schließlich 2014 den Anspruch auf ein 895,541 Quadratkilometer[53] großes Seegebiet. Dieser erwünschte Boom erweist sich allerdings durch klimatische aber auch politische Bedingungen (große Teile der Region ist geschütztes Gebiets) als kompliziert, da aufgrund dieser Faktoren die Förderung der Rohstoffe schwer umsetzbar wäre.

<u>Norwegen:</u> Schon 2006 verkündete Bente Nyland vom norwegischen Ölministerium, dass die bequem zu fördernden Ölfelder schon alle leer gepumpt seien.[54] Darin sieht die Regierung ein großes Problem, denn die Förderung von Öl und Gas stellt schon seit Jahren Norwegens wichtigsten Wirtschaftssektor dar. Fast 60% des Börsenwerts und 38% des Staatseinkommens werden auf Energiefirmen zurückgeführt.[55] Kein Wunder also, dass der Energieriese versucht, sich in eine lukrative Position zu bringen.

Dies ist bis jetzt sehr gut gelungen, denn anders als seine Konkurrenten weißt Norwegen durch die nun langjährige Erfahrung in der Branche nicht nur vergleichsweise viel Erfahrung auf, sondern bringt auch das nötige technische know-how mit und sowohl die Marine als auch die Förderung selbst betreffend. Auch die norwedische Regierung agiert fortgeschrittener bzw. deutlich offensiver als die restlichen Anrainer. Dies zeigt sich unter anderem deutlich an den Ratifizierungsdaten des SRÜ: Norwegen begann 1996; ein Jahr später zog Russland nach während Kanada und Däne-

---

[49]Vgl. Seidler, Christoph (2009): Arktisches Monopoly, S.192
[50]Vgl. Seidler, Christoph (2009): Arktisches Monopoly, S.192
[51]Rademacher, Horst (2007): Die Arktis weckt Begehrlichkeiten (wörtliches Zitat)
[52]Vgl. Seidler, Christoph (2009): Arktisches Monopoly, S.197+198
[53]Vgl. Seidler, Christoph (2014): Dänischer Antrag bei der Uno: Ein Stück vom Nordpol, bitte schön!
[54]Seidler, Christoph (2009): Arktisches Monopoly, S.200 (indirektes Zitat)
[55]Vgl. Seidler, Christoph (2009): Arktisches Monopoly, S.199+200

mark das SRÜ erst 2003 und 2004 ratifizierten; die USA tat dies bis heute nur teilweise.[56]

Russland: Zur Zeit der Sowjetunion war Russland für den Kampf im Hohen Norden bestens gerüstet. Schon früh wurden viele Bürger, zumeist auch unter Zwang, in den Norden des Landes umgesiedelt. Außerdem besaß Russland eine 42 Schiff starke, mit Eisbrechern und Patrouillenbooten ausgestattete Arktisflotte[57]. Doch nach dem Zusammenbruch der Sowjetunion blieb das Geld aus Moskau aus und die Marine des Landes verwahrloste zusehends. Später mussten sogar mit den Eisbrechern Geschäfte im Tourismus betrieben werden, um die Instandhaltung finanzieren zu können. Deshalb verfolgt Russland das klare Ziel diesbezüglich wieder auf die Beine zu kommen, um im „Kampf" um die Rohstoffe vorne dabei sein zu können.[58] 2001 machten die Russen dafür einen wichtigen Schritt, als sie als erstes Land überhaupt eine Gebietsforderung in der Arktis (1,2 Millionen Quadratkilometer) stellten[59]. Aufgrund dessen und vor allem, weil einige Gebietsforderungen gefährlich nahe an ihr eigenes Territorium heranreichten, wurden auch die anderen Anrainer wieder auf die einstige Weltmacht aufmerksam.

Da aber dieser Antrag von der Festlandsockelkommision wegen mangelnder Qualität der Daten abgelehnt wurde, arbeitet Russland seitdem weiter an neuen Daten, um ihn erneut stellen zu können. Es wirkt also so als befände sich Russland in einer komfortablen Lage.

Der Schein trügt allerdings: Auf die Förderung der schwer zugänglichen Rohstoffe ist Moskau extrem schlecht vorbereitet. Gazprom rechnet mit ca. 80 Milliarden Dollar Kosten[60] um nur die fehlenden Geräte zu beschaffen. Doch diese Investition ist ohne ausländische Investoren nicht zu bewältigen. Genau diesbezüglich verhält sich Russland paradox. Einerseits versuchen sie internationale Investoren zu locken, während sie andererseits durch ihr ausgeprägtes Machtstrebenmögliche Investoren abschrecken.[61] Dieses Machtstreben zeigt sich unteranderem in Gesetzen wie der Regelung, dass auf dem russischen Schelf nur Firmen operieren, die mindestens zu 50 % rus-

---

[56]Vgl. Internet Archive(2007-2018): Ratifizierungs-Status des SRÜ nach Staaten
[57]Vgl. Seidler, Christoph (2009): Arktisches Monopoly, S.217+218
[58]Vgl. Seidler, Christoph (2009): Arktisches Monopoly, S.220
[59]Vgl. Seidler, Christoph (2009): Arktisches Monopoly, S.221
[60]Vgl. Seidler, Christoph (2009): Arktisches Monopoly, S.225
[61]Vgl. Seidler, Christoph (2009): Arktisches Monopoly, S.226

sisch sind. Ein weiterer Faktor, welcher potenzielle Geldgeber abschreckt, ist die militärische Präsenz, welche Russland in der arktischen Region ausstrahlt. Neben den 35,4 Milliarden Dollar[62], die in den letzten Jahren in den Aufbau von Militär in der Arktis flossen, trugen dazu die 80 russischen Patrouillenflüge alleine 2008[63] bei. Russlands Interesse an der Arktis unterscheidet sich allerdings grundlegend von dem der anderen Staaten, denn während es den restlichen Anrainern hauptsächlich um wirtschaftliche Aspekte geht, werden die Russen größtenteils von Prestige getrieben. Angesichts der Öl- und Gasvorkommen, die Russland schon sicher besitzt, ist dies nicht verwunderlich. Dazu gehören die Barentenseen (hier muss aber noch geklärt werden wie viel sich Russland davon mit Norwegen teilen muss), die Petschorarsee, die Karasee und Gebiete auf dem Festland.[64]

China: Obwohl China im Gegensatz zu den eben genannten Staaten nicht den Status eines Anrainers genießt, machte die Volksrepublik seit dem Sommer 1999 deutlich, dass Peking großes Interesse an der arktischen Region hat. In diesem Jahr schickte China den Eisbrecher „Xue Long", der ursprünglich für antarktische Vorhaben gebaut wurde, in die kanadische Kleinstadt Tukatoyaktuk[65]. Nach 1999 folgten weitere Arktisreisen, hauptsächlich um geologische und seismische Daten zusammen zu tragen.

Doch den größten Schritt in ihrer Arktispolitik machten die Chinesen 2004:[66] Seitdem gibt es auf Spitzbergen eine chinesische Arktisdependance, die, obwohl Peking diese Station ursprünglich noch größer aufziehen wollte, deutlich chinesische Präsenz in der Arktis ausstrahlt. Spätestens als 2013 der Eintritt in den Arktischen Rat folgte, wurde klar, dass China sich an der Erschließung der arktischen Ressourcen beteiligen möchte und demzufolge um die arktischen Gebietsansprüche konkurriert. Um aber in diesem Konkurrenzkampf mithalten zu können, investierte China, Schätzungen des „Washingtoner Center for Naval Analysis (CNA)" zufolge, zwischen 2005 bis Juni 2017 mehr als 89 Milliarden US-Dollar.[67]

---

[62]Vgl. Seidler, Christoph (2009): Arktisches Monopoly, S.227
[63]Vgl. Seidler, Christoph (2009): Arktisches Monopoly, S.229
[64]Vgl. Seidler, Christoph (2009): Arktisches Monopoly, S.224
[65]Vgl. Seidler, Christoph (2009): Arktisches Monopoly, S.25
[66]Vgl. Seidler, Christoph (2009): Arktisches Monopoly, S.252
[67]Vgl. Erling, Johnny (2018): So will China schleichend die Arktis erobern

### 4.2.2 Mögliche Neuauflage des kalten Krieges

Spätestens als Russland 2007[68] mit Hilfe eines speziellen U-Bootes die russische Flagge auf exakt den Punkt, an dem Geografen den Nordpol verorten, aufstellten, begannen weltweit Diskussionen über die Möglichkeit eines zweiten kalten Kriegs. Die Vertreter der These, dass es zu einer Neuauflage des kalten Krieges kommen könnte, stützten diese auf das durch den Lomonossowrücken hervorgerufene Konfliktpotential. Dieses besteht darin, dass dieses Unterseegebirge nach internationalem Seerecht die Besitzverhältnisse der Polarregion regelt. Nur das Land, welches eine tatsächliche Verbindung zum Lomonossowrücken nachweisen kann, hat das Recht Gebiete für sich zu beanspruchen. Das Problem hierbei ist, es existiert keine nachweisbare, tatsächliche Verbindung, da die Festlandsockel aller umliegenden Länder durch tiefe Schneisen vom Rücken getrennt sind[69]. Dadurch kommt es zu überlappenden Gebietsansprüchen, welche Konflikte verursachen, die in einen Krieg münden könnten. Besonders zwischen Dänemark und Russland entwickelte sich diesbezüglich in den letzten Jahren immer mehr Spannungen.

Ein weiteres Indiz für einen drohenden kalten Krieg ist die Verschärfung des Konflikts durch den Bau Russlands von dreizehn Militärflughäfen und zehn Radarstationen, um in den betroffenen Gebieten Präsenz zu zeigen.[70]Im Kontrast dazu steht die These, dass bei der Konfliktlösung die Kooperation und nicht die Konfrontation im Vordergrund steht. Denn eine erhöhte Militärpräsenz stellt in diesem Fall keinen Aggressor dar, sondern eine Reaktion auf die äußeren Umstände. Denn die Erschließung des Polargebiets ohne Unterstützung des Militärs, aufgrund der Unberechenbarkeit der Natur in dieser Region, nicht möglich ist. Außerdem wird um diese These zu begründen argumentiert, dass die Förderung der in der Polarregion gespeicherten Ressourcen, für einen einzelnen Staat nicht um zu setzten ist. Aus diesem Grund werden die Staaten für ein gemeinsames Ziel zur Kooperation gezwungen. Zudem relativieren Befürworter dieser These, dass von der 2007 gehissten Flagge ein Konfliktpotential ausgehen könnte, da das damit beanspruchte Gebiet wirtschaftlich gesehen wert-

---

[68]Vgl. Schümer, Dirk (2015): „Great Game" – Kalter Krieg ums schmelzende Eis
[69]Vgl. Schümer, Dirk (2015): „Great Game" – Kalter Krieg ums schmelzende Eis
[70]Vgl. Schümer, Dirk (2015): „Great Game" – Kalter Krieg ums schmelzende Eis

los ist. [71]Zusammenfassend kann man sagen, dass der vorherrschende Konflikt nicht zu einem Krieg führen wird. Ständige Spannung zwischen den betroffenen Staaten, sind allerdings nicht abzustreiten, weshalb eine Regelung zu den Besitzverhältnissen in der Arktis unumgänglich ist um eine Verschärfung des Konflikts zu vermeiden.

## *5 Der Einfluss des Ressourcenabbaus auf die indigenen Völker (Sacchalin-2 Projekt)*

In diesem Zusammenhang ist nicht nur das Konfliktpotenzial, welches die Förderung der arktischen Ressourcen mit sich bringt, sondern auch die Problematik, die für die indigene Bevölkerung entsteht, zu beachten. Spätestens seit einer Studie 2004 ist klar: Die Leittragenden des Ressourcenabbaus sind die indigenen Völker. Darin untersuchte das Umweltprogramm der Vereinigten Nationen, in Unterstützung durch die Dachorganisation der indigenen Völker Russland, die gesundheitliche Lage der indigenen Gruppen in der russischen Arktis. Die Ergebnisse waren erschreckend:

Zonen abhängig wurden 65 bis 100% aller getesteten Nahrungsmittel positiv auf die toxische Substanz DDT getestet.[72] Das hat neben der Gesundheit auch verheerende Folgen auf den Lebensstil der traditionellen Völker, denn der Fischfang, der heute wenn nur erschwert möglich ist, stellt für die Inuit nicht nur die wichtigste Nahrungsquelle, sondern auch den wichtigsten Faktor der lokalen Wirtschaft dar. Die Verseuchung der Gewässer, ist klar auf die Förderung von Erdöl und -gas in arktischem Gebiet zurückzuführen, doch Energieriesen wie Shell oder Gazprom scheinen dies, ihrem eigenen Profit, gegenüber hinten an zu stellen. Das wohl bedeutendste Beispiel dafür ist Sacchalin-2: Der traditionelle Lebensstil der Ureinwohner Saccalins (Niwichen, Nanai, Oroken und Erwenken) bedarf, genauso wie der aller Inuit, einer unbeschädigten Umwelt[73]. Durch die immer größer werdenden Projekte zur Förderung der vermuteten 13 Billionen Barrel Öl[74] und den zusätzlichen Gasvorkommen, wird ihnen allerdings diese essenzielle Lebensgrundlage nach und nach genommen. Vor allem das Gigantenprojekt Saccalin-2 bereitet den

---

[71]Vgl. Bittner Jochen (2015): Kalter Krieg im ewigen Eis?
[72]Vgl. Gesellschaft für bedrohte Völker (2006): Die Arktis schmilzt und wird geplündert, S.82
[73]Vgl. Gesellschaft für bedrohte Völker (2006): Die Arktis schmilzt und wird geplündert, S.55
[74]Vgl. Gesellschaft für bedrohte Völker (2006): Die Arktis schmilzt und wird geplündert, S.55

traditionellen Völkern Sorge, denn beispielsweise die Bohrinsel Molikpag, welche sich vor der Nordwestküste Saccalins befindet,[75] bringt aufgrund ihrer gefährlichen Lage in mitten eines, durch Erdbeben gefährdeten Gebiets, große Risiken mit sich. Doch auch andere Faktoren, wie der Bau von Pipelines oder ähnlichem, mit dem bereits insgesamt 39 Millionen Hektar Weide- und Jagdgebiet[76] zerstört wurden, führen zu „Entwurzelung und Verlust der kulturellen Identität" der Ureinwohner. Kein Wunder, dass sie durch Proteste versuchten die Projekte, allen voran Saccalin-2 zu stoppen, um ihre Kultur zu retten. Doch auch, wenn sie bei ihrem Vorhaben auf die Unterstützung vieler internationaler Organisationen, wie Greenpeace oder WWF,[77] setzen konnten, kam es 2009[78] zur Fertigstellung von Saccalin-2.

## *6 Umweltschutz in der Arktis*

Auch in anderen Gebieten machen sich diese und weitere Schutzorganisationen für die Erhaltung der Arktis stark, denn die Förderung natürlicher Rohstoffe, insbesondere die von Erdöl und -gas, sind auch in weniger sensiblen Gebieten mit einer Gefährdung der Umwelt verbunden. Die Arktis ist also durch ihr fragiles Ökosystem einem noch höheren Gefahrenpotential ausgeliefert. Doch obwohl auslaufendes Öl oder ähnliche Pannen weitaus größere Schäden als in anderen Gebiete verursachen würden, wird nicht mit der notwendigen Vorsicht gehandelt: als Ursache von maroden Pipelines gelangen schon heute über die Flüsse jedes Jahr „300.000 bis 500.000 Tonnen russisches Öl"[79] in die arktischen Gewässer! Greenpeace fordert deshalb „ein Schutzgebiet in der "Hohen Arktis" rund um den Nordpol, sowie ein Verbot für Ölbohrungen in arktischen Gewässern".[80] Diesbezüglich setzte Kanada zwar schon 1970 mit ihrer 100 Meilen breiten Umweltzone, die 2008 auf 200 Meilen erweitert wurde, ein gutes Zeichen, ein weiter Weg bleibt aber dennoch bestehen.[81] Ein weiterer Schritt in die richtige Richtung stellte im Herbst 2008 die Entwicklung einer EU-Arktis-Politik dar. Diese hat seit Herbst 2008 das Ziel, die Arktis im Konsens mit

---

[75]Vgl. Gesellschaft für bedrohte Völker (2006): Die Arktis schmilzt und wird geplündert, S.56
[76]Vgl. Gesellschaft für bedrohte Völker (2006): Die Arktis schmilzt und wird geplündert, S.82+83
[77]Vgl. Gesellschaft für bedrohte Völker (2006): Die Arktis schmilzt und wird geplündert, S.57
[78]Vgl. Shell Global: Shakhalin-2 – an overview
[79]Greenpeace: Arktis in Gefahr (wörtliches Zitat)
[80]Greenpeace: Arktis in Gefahr (wörtliches Zitat)
[81]Vgl. Seidler, Christoph (2009): Arktisches Monopoly, S.179

der ansässigen Bevölkerung, insbesondere den indigenen Völkern, zu schützen und zu erhalten. Um dies zu erreichen soll eine nachhaltige Ressourcennutzung und eine bessere Kooperation zwischen den Anrainern in der Arktis angestrebt werden. Neue Forschungsinfrastruktur. besseres Katastrophenmanagement und eine direkte Kommunikation mit der indigenen Bevölkerung sollen bei der Realisierung wichtige Bausteine darstellen.

Wenn man davon ausgeht, dass in 20 bis 30 Jahren die Arktis eisfrei sein könnte, sind dies genau die richtigen Schritte, um das einzigartige, aber bedrohte Gebiet rund um den Nordpol zu schützen, denn je weiter das Eis zurück geht, desto weiter wird sich der Kampf der Nationen um die arktischen Ressourcen verschärfen.

# Literaturverzeichnis

Balzer, Sebastian Hosp, Gerald; Theurer, Marcus (2011): Der 9-Billionen-Dollar-Schatz unter dem Eis, http://www.faz.net/aktuell/wirtschaft/rohstoffe-in-der-arktis-der-9-billionen-dollar-schatz-unter-dem-eis-1578231.html (aufgerufen am 19.10.2018)

Bartsch, Golo M. (2015): Zukunftsraum Arktis,Verlag für Sozialwissenschaften,Wiesbaden

Bauske, Thomas u.a. (2009): Geographie Oberstufe 11, Westermann, Braunschweig

Bittner Jochen(2015): Kalter Krieg im ewigen Eis?, https://www.zeit.de/politik/2015-08/russland-nordpol-arktis-erdgas-oel-aufruestung (aufgerufen am 19.10.2018)

Broich,Ulrike; Faller, Cornelia und Zetsche,Sabine (2005): Klimawandel in der Arktis (ein Resümee des ACIA-Berichts)https://germanwatch.org/rio/acia05.htm (aufgerufen am 19.10.2018)

Gehring, Wiebke u.a.(2008): Diercke - Weltatlas, Westermann, Braunschweig

Erling,Johnny(2018):So will China schleichend die Arktis erobern, https://www.welt.de/politik/ausland/article173003895/Chinas-Plan-zur-Eroberung-der-Arktis.html (aufgerufen am 19.10.2018)

Frühlauf, Markus (2013): Welt 2,Brockhaus,München

Gesellschaft für bedrohte Völker(2006):Die Arktis schmilzt und wird geplündert
https://www.gfbv.de/fileadmin/redaktion/Reporte_Memoranden/2006/1206arktisreport.pdf (aufgerufen am 19.10.2018)

Goudie, Andrew (2008):Physische Geographie: Eine Einführung, Auflage 4,Spektrum Akademischer Verlag, Heidelberg

Humrich,Christoph (2011): Ressourcenkonflikt, Recht und Regieren in der Arktis http://www.bpb.de/apuz/33503/ressourcenkonflikte-recht-und-regieren-in-der-arktis?p=all  (aufgerufen am 19.10.2018)

Internet Archive(2007-2018): Ratifizierungs-Status des SRÜ nach Staaten-https://web.archive.org/web/20070711135020/http://www.un.org/Depts/los/reference_files/status2007.pdf (aufgerufen am 19.10.2018)

Pons Online Wörterbuch(o.J): Latein-Deutsch Übersetzer https://de.-pons.com/%C3%BCbersetzung/latein-deutsch (aufgerufen am 19.10.2018)

Rademacher, Horst (2007): Die Arktis weckt Begehrlichkeiten, http://www.faz.net/aktuell/politik/rohstoffe-unter-wasser-die-arktis-weckt-begehrlichkeiten-1462477.html, (aufgerufen am 19.10.2018)

Richter, Wolfgang (2018): Wirtschaftsregion Arktis – Chance oder Risiko?
https://www.planet-wissen.de/natur/polarregionen/arktis/pwiewirtschaftsregionarktischanceoderrisiko100.html, (aufgerufen am 19.10.2018)

Schümer Dirk(2015):„Great Game" – Kalter Krieg ums schmelzende Eis, https://www.welt.de/debatte/kommentare/article145264399/Great-Game-Kalter-Krieg-ums-schmelzende-Eis.html, (aufgerufen am 19.10.2018)

Seidler, Christoph (2009): Arktisches Monopoly, Deutsche Verlags-Anstalt, München

Seidler,Christoph(2014):Dänischer Antrag bei der Uno: Ein Stück vom Nordpol,bitte schön! http://www.spiegel.de/wissenschaft/natur/daenemark-will-den-nordpol-wette-auf-die-zukunft-a-1008578.html, (aufgerufen am 19.10.2018)

Shell Global( o.J.):Shakhalin-2 – an overview, https://www.shell.com/about-us/major-projects/sakhalin/sakhalin-an-overview.html, (aufgerufen am 19.10.2018)

Umwelt Bundesamt (Hrsg.) (2014): Das Seerechtsübereinkommen der Vereinigten Nationen, https://www.umweltbundesamt.de/themen/nachhaltigkeit-strategien-internationales/arktis/rechtlicher-institutioneller-rahmen-der-arktis/das-seerechtsuebereinkommen-der-vereinten-nationen, (aufgerufen am 19.10.2018)

Umwelt Bundesamt (Hrsg.) (2016): Geologie und Ressourcen der Arktis, https://www.umweltbundesamt.de/themen/nachhaltigkeit-strategien-internationales/arktis/wissenswertes-zur-arktis/geologie-ressourcen-der-arktis, (aufgerufen am 19.10.2018)

Umwelt Bundesamt (Hrsg.) (2017): Der Arktische Rat, https://www.umweltbundesamt.de/themen/nachhaltigkeit-strategien-internationales/arktis/umweltschutz-in-der-arktis, (aufgerufen am 19.10.2018)

Walters Kluwer, Jurion: Art. 33 SRÜ
Seerechtsübereinkommen der Vereinten Nationen, https://www.jurion.de/gesetze/srue/33/, (aufgerufen am 19.10.2018)

Walters Kluwer, Jurion: Art. 56 SRÜ – Rechte, Hoheitsbefugnisse und Pflichten des Küstenstaats in der ausschließlichen Wirtschaftszone, https://www.jurion.de/gesetze/srue/56/, (aufgerufen am 19.10.2018)